FUJIAN SCIENCE & TECHNOLOGY PUBLISHING HOUSE

家居装修大图典 I

JIAJU ZHUANGXIU DA TUDIAN

本书编写组 编

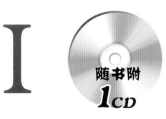

随书附
1CD

U0364230

海峡出版发行集团
THE STRAITS PUBLISHING & DISTRIBUTING GROUP | 福建科学技术出版社
FUJIAN SCIENCE & TECHNOLOGY PUBLISHING HOUSE

CONTENTS 目录
JIAJU ZHUANGXIU
DA TUDIAN I

家居装修大图典I

电视背景墙

DIANSHI BEIJINGQIANG
JIAJU ZHUANGXIU
DA TUDIAN I

仿古砖

玻化砖

红樱桃木饰面板

壁纸

仿古砖

米黄大理石　　仿古砖

砂岩

造型

壁纸

菱形车边银镜

砂岩

仿古砖

灰镜

红樱桃木实木地板

米黄大理石

玻化砖

砂岩

壁纸

石膏板

黑胡桃木饰面板

皮纹砖

水晶珠帘

皮纹砖

亚麻壁纸

爵士白大理石

砂岩

黑镜

玻化砖

印花灰镜

枫木饰面板

仿古砖

中花白大理石

镂空花格

花纹壁纸

砂岩

米黄大理石

印花银镜

磨砂玻璃　　水晶珠帘

仿古砖　　　　　镂空花格

红樱桃木饰面板

壁纸

山水纹大理石　　　　　　　　深啡网纹大理石

壁纸　　　杉木金刚板

中花白大理石

砂岩

黑色马赛克

水晶珠帘

壁纸

亚麻壁纸

水曲柳饰面板

菱形车边茶镜

仿古砖

灰镜

马赛克　　　黑镜

菱形车边银镜　　　　　　　　玻化砖

红橡木金刚板　　　　　　　　枫木饰面板

皮革软包

磨砂玻璃

有色面漆

仿古砖

皮纹砖

壁纸

杉木金刚板

石膏板

皮革软包

水曲柳饰面板

布艺软包

皮革软包

印花银镜

皮纹砖

木纹大理石

仿古砖

磨砂玻璃

大花白大理石

玻化砖

黑镜

印花灰镜

白橡木金刚板

枫木饰面板

米黄大理石

砂岩

仿古砖

镂空花格

壁纸

仿古砖

印花银镜

有色面漆

印花壁纸

壁纸

马赛克

枫木饰面板

玻化砖

马赛克

斑马木饰面板

爵士白大理石

水曲柳金刚板

大花白大理石

米黄大理石

壁纸

茶镜

有色面漆

砂岩

白橡木饰面板

皮革软包

花纹壁纸

菱形车边银镜

亚麻壁纸

爵士白大理石

菱形车边银镜

夹丝玻璃

马赛克

枫木金刚板

鹅卵石

有色面漆

茶镜

马赛克

冰裂玻璃

仿古砖

灰镜

黑胡桃木金刚板

玻化砖

黑色大理石

壁纸

深啡网纹大理石

玻化砖

石膏板

有色面漆　　　黑胡桃木饰面板

枫木饰面板

皮革软包

壁纸

枫木金刚板

砂岩

仿古砖

米色大理石

黑镜

枫木饰面板

黑金砂大理石

冰裂玻璃

玻化砖

红橡木饰面板

菱形车边灰镜

仿古砖

黑镜

壁纸

壁纸　　　　　玻化砖

砂岩　　　菱形车边灰镜

黑胡桃木金刚板

壁纸

印花黑镜

文化砖

石膏板

仿古砖

爵士白大理石

灰镜

银镜

银镜　　　　　洞石

印花银镜

家居装修大图典 I

沙发背景墙

SHAFA BEIJINGQIANG
JIAJU ZHUANGXIU
DA TUDIAN I

茶镜　　　　　　　　　　　　　　　　　　　　　　　皮革软包

车边银镜

有色面漆

仿古砖　　　　　　　　　　　灰镜

水晶珠帘

大花白大理石

灰镜

印花茶镜

黑檀木金刚板

仿古砖

水曲柳饰面板

花纹壁纸

亚麻壁纸

黑镜

有色面漆

印花茶镜

砂岩

水曲柳饰面板

银镜

马赛克

米黄大理石

砂岩

文化砖

铁艺

黑镜

仿古砖

壁纸

有色面漆

米黄大理石

石膏板

菱形车边银镜

玻化砖

水晶珠帘

米黄大理石

水曲柳饰面板

壁纸

印花银镜

作旧金刚板

皮纹砖

深啡网纹大理石

水曲柳金刚板

砂岩

印花灰镜

茶镜

壁纸

亚麻壁纸　镂空花格

砂岩

灰镜

夹丝玻璃

有色面漆

银镜

砂岩

木纹大理石

仿古砖

斑马木饰面板

壁纸

玻化砖

石膏板

灰镜　　　　砂岩

红砖　　　　布艺软包

壁纸

枫木饰面板

壁纸

白橡木饰面板

绒面软包

钢化玻璃

水曲柳饰面板

米黄大理石

菱形车边灰镜

流苏

木纹大理石

马赛克

皮纹砖

壁纸

玻化砖

皮纹砖

斑马木饰面板

米黄大理石　　大花白大理石

斑马木饰面板　　　　　　　　　　　　　　　　　　　爵士白大理石

砂岩浮雕

白橡木饰面板

壁纸

镂空花格

车边银镜

砂岩

水晶珠帘

印花银镜

仿古砖

仿古砖

红樱桃木线条

黑胡桃木金刚板

木纹大理石

灰镜

壁纸

沙比利饰面板

仿古砖

文化砖

黑胡桃木饰面板

有色面漆

砂岩浮雕

仿古砖

绒毛地毯

银镜

仿古砖

壁纸

有色面漆

流苏

仿古砖

米黄大理石

镜面马赛克

红檀木实木地板

玻化砖

红樱桃木饰面板

印花灰镜

皮纹砖

雕花黑镜

夹丝玻璃

石膏线条

流苏

木质屏风

印花银镜

深啡网纹大理石

茶镜

钢化玻璃

仿古砖

米黄大理石

大花白大理石

中花白大理石

红樱桃木饰面板

白橡木饰面板

玻化砖

沙比利饰面板

斑马木饰面板

釉面砖

仿古砖

大花白大理石

镜面马赛克

花纹壁纸

仿古砖

米色大理石

有色面漆

米色大理石

大花白大理石

杉木板

艺术玻璃

中花白大理石

亚麻壁纸

白橡木金刚板

仿古砖

水曲柳饰面板

爵士白大理石

花纹壁纸

家居装修大图典I

餐厅
背景墙

CANTING BEIJINGQIANG
JIAJU ZHUANGXIU
DA TUDIAN I

红色玻璃

石膏板

壁纸

花纹壁纸

中式花格

玻化砖

深啡网纹大理石

磨砂玻璃

仿古砖

米黄大理石

枫木饰面板

花纹壁纸

浅啡网纹大理石

透光板

黑胡桃木饰面板

玻化砖

木纹大理石

浅啡网纹大理石

米色大理石

艺术玻璃

镂空花格

马赛克

大花白大理石

斑马木饰面板

马赛克

菱形车边银镜

玻化砖

灰镜

仿古砖

布艺软包

花纹壁纸

玻璃砖

马赛克

有色面漆

水晶珠帘

仿古砖

马赛克

花纹壁纸

中式花格

菱形车边银镜

玻化砖

黑檀木线条

金刚板

仿古砖

米黄大理石

深啡网纹大理石

黑胡桃木线条

艺术壁纸

仿古砖

橡木金刚板

枫木饰面板

深啡网纹大理石

米黄大理石

水曲柳饰面板

印花玻璃

水晶珠帘

红樱桃木饰面板

壁纸

黑胡桃木线条

仿古砖

银镜

米黄大理石

玻化砖

冰裂花格

黑金砂大理石

车边银镜

米色大理石

花纹壁纸

红橡木金刚板

黑胡桃木线条

玻化砖

造型石膏板

浅啡网纹大理石　　有色面漆

花白大理石

红橡木金刚板

流苏

马赛克

米黄大理石

杉木金刚板

壁纸

白橡木金刚板

仿古砖

中式花格

印花茶镜

大花白大理石

仿古砖

钢化玻璃

壁纸

仿古砖

红橡木金刚板

马赛克

仿古砖

雪花白大理石

仿古砖

茶镜

复古壁纸

大花白大理石

印花茶镜

水晶珠帘

仿古砖

红樱桃木饰面板 镂空花格

黑镜

有色面漆

橡木金刚板

黑胡桃木线条

壁纸

仿古砖

斑马木饰面板

水晶珠帘

有色玻璃

银镜

仿古砖

壁纸

镂空花格

菱形车边银镜　　　　　　　　　　　　　　　　　米黄大理石

黑镜　　　　　　　　中花白大理石

皮革面板　　　　　　　　　　　　　　　　　仿古砖

红樱桃木饰面板

印花茶镜

镂空花格

磨砂玻璃

银镜

玻化砖

雕花玻璃

花纹壁纸

仿古砖

灰镜

枫木饰面板

皮纹砖

艺术壁纸

亚麻壁纸

仿古砖

银镜

红樱桃木饰面板

马赛克

米黄大理石

茶镜

木纹大理石

玻化砖

钢化玻璃

玻化砖

银镜

玻化砖

黑镜

有色玻璃

仿古砖

有色面漆

米黄大理石

中式花格

壁纸

菱形车边银镜　　　　　　　　　　　　　　仿古砖

菱形车边银镜　　　　　　　　　　　　　　刷白杉木板

银镜

家居装修大图典I

卧室
背景墙

WOSHI BEIJINGQIANG
JIAJU ZHUANGXIU
DA TUDIAN I

花纹壁纸

皮革软包

沙比利金刚板

绒面软包

亚麻壁纸

白橡木金刚板

水曲柳金刚板

印花玻璃

花纹壁纸

皮革软包

白橡木饰面板

磨砂玻璃

透光板

白橡木饰面板

流苏

壁纸

皮革软包

钢化玻璃

绒面软包

白橡木金刚板

水曲柳金刚板

皮革软包

壁纸

白橡木金刚板

条纹壁纸

印花茶镜

镂空花格

黑胡桃木金刚板

壁纸

沙比利金刚板

仿古砖

亚麻壁纸

红檀木饰面板

布艺软包

铂金壁纸

皮革软包

绒面软包

花纹壁纸

绒面软包

爵士白大理石

黑胡桃木金刚板

亚麻壁纸

仿古砖

铂金壁纸

亚麻壁纸

绒面软包

水晶珠帘

白橡木金刚板

布艺软包

皮革软包

白橡木金刚板

马赛克

沙比利金刚板

印花玻璃

水曲柳金刚板

皮革软包

沙比利金刚板

壁纸

白橡木金刚板

印花银镜

复古花纹壁纸

红樱桃木金刚板

有色面漆

印花壁纸

黑檀木饰面板

红檀木金刚板

沙比利金刚板

黑镜

白橡木饰面板

壁纸

白橡木金刚板

水曲柳金刚板   红樱桃木金刚板

布艺软包

皮革软包   艺术壁纸

有色面漆

皮革软包

花纹壁纸

沙比利金刚板

米黄大理石

亚麻壁纸

红樱桃木金刚板　　　　　　　　　　　水曲柳金刚板

流苏

黑胡桃木饰面板

艺术玻璃　　　　　　　　　　　　　　有色面漆

水曲柳金刚板

沙比利饰面板

钢化玻璃

黑镜

皮革软包

枫木金刚板

印花茶镜

有色面漆

水晶珠帘

花纹壁纸

流苏

花纹软包

艺术壁纸

布艺软包

黑胡桃木饰面板

花纹壁纸　　　　　　　　　　　　　　　　　　　　绒面软包

艺术壁纸

红樱桃木饰面板

白橡木金刚板

红樱桃木饰面板

艺术壁纸

镂空花格

水曲柳金刚板

沙比利金刚板

水曲柳饰面板

黑胡桃木金刚板

亚麻壁纸

白橡木金刚板

艺术壁纸

布艺软包　　　　　　艺术壁纸

石膏板　　　　　　绒面软包

白橡木饰面板

枫木饰面板

亚麻壁纸

沙比利金刚板

花纹壁纸

白橡木金刚板

石膏板

皮革软包

壁纸

白橡木金刚板

玻化砖

枫木金刚板

红橡木金刚板

亚麻壁纸

花纹壁纸

皮革软包

石膏板

茶镜

黑檀木金刚板

黑镜

布艺软包

印花银镜

亚麻壁纸

红樱桃木金刚板

绒面软包

布艺软包

亚麻壁纸

水曲柳金刚板

刷白杉木板

复古花纹壁纸

亚麻壁纸

红樱桃木金刚板

艺术壁纸

做旧木地板

布艺软包

绒面软包

流苏

皮革软包

白橡木饰面板

钢化玻璃

花纹壁纸

红樱桃木金刚板

钢化玻璃

皮革软包

黑镜

家居装修大图典I

天花吊顶

TIANHUA DIAODING
JIAJU ZHUANGXIU
DA TUDIAN I

洞石

米黄大理石

亚麻壁纸

车边银镜

花纹壁纸

水晶珠帘

造型石膏板

红檀木金刚板

仿古砖

米黄大理石

米色大理石

玻化砖

砂岩

镂空花格

印花银镜

130

文化砖

爵士白大理石

文化石

米黄大理石

有色面漆

仿古砖

马赛克

有色面漆

水晶珠帘

透光板 玻璃马赛克

仿古砖

黑胡桃木金刚板

沙比利线条

爵士白大理石

银镜

沙比利金刚板

有色玻璃

仿古砖

砂岩浮雕

拼花大理石

印花灰镜

艺术壁纸

镂空花格

艺术墙贴

米色大理石

枫木饰面板

有色面漆

艺术壁纸

沙比利饰面板

菱形车边银镜

中式花格

深啡网纹大理石

印花银镜

布艺软包

祥云花格

壁纸

有色面漆

文化砖

仿古砖

茶镜

车边银镜

玻化砖

磨砂玻璃

亚麻壁纸

玻化砖

大花白大理石

绒面软包

沙比利金刚板

红橡木金刚板

银镜

有色面漆

皮革软包

绒面软包

枫木金刚板

镂空花格　　　　　　　杉木板

刷白杉木板

枫木格栅　　　　　　　玻化砖

文化石

硅酸钙板

玻化砖

皮革软包

"回"字形花格

印花茶镜

印花茶镜

仿古砖

黑胡桃木线条

红砖

冰裂花格

银镜

花纹壁纸

红樱桃木条

仿古砖

刷白杉木板

黑镜

镂空花格

艺术玻璃

绒面软包

红樱桃木条

铂金壁纸

亚麻壁纸

水晶珠帘

沙比利金刚板

爵士白大理石　　　　　　玻化砖　　　　　　　　石膏板

仿古砖

玻化砖

米黄大理石

水曲柳饰面板

花纹壁纸

车边银镜

洞石

仿古砖

水曲柳金刚板

玻化砖

仿古砖

仿古砖

深啡网纹大理石

铂金壁纸

米黄大理石

沙比利金刚板

仿古砖

水曲柳饰面板

艺术壁纸

黑胡桃木金刚板

壁纸

夹丝玻璃

文化石

砂岩浮雕

有色面漆

网纹大理石

石膏板

枫木实木条

茶镜

镂空花格

茶镜

玻化砖

造型石膏板

沙比利金刚板

壁纸

镂空花格

玻化砖

沙比利饰面板

银镜　　　　　　　　　钢化玻璃

车边银镜

仿古砖　　　　　　　　黑胡桃木金刚板

壁纸

实木花格

壁纸

米黄大理石

玻化砖

艺术玻璃

仿古砖

印花玻璃

红橡木饰面板

菱形车边银镜

玻化砖

文化砖

黑镜

灰镜

斑马木饰面板

爵士白大理石

杉木板

石膏板

仿古砖

黑镜

米色大理石

沙比利金刚板

车边银镜

米白大理石

亚麻壁纸

壁纸

透光板

图书在版编目（CIP）数据

家居装修大图典.1/《家居装修大图典》编写组编. —福州：
福建科学技术出版社，2014.4
ISBN 978-7-5335-4522-2

Ⅰ.①家… Ⅱ.①家… Ⅲ.①住宅－室内装修－建筑
设计－图集 Ⅳ.①TU767-64

中国版本图书馆CIP数据核字（2014）第040179号

书　　名	家居装修大图典 I
编　　者	本书编写组
出版发行	海峡出版发行集团
	福建科学技术出版社
社　　址	福州市东水路76号（邮编350001）
网　　址	www.fjstp.com
经　　销	福建新华发行（集团）有限责任公司
印　　刷	福州德安彩色印刷有限公司
开　　本	889毫米×1194毫米　1/16
印　　张	10
图　　文	160码
版　　次	2014年4月第1版
印　　次	2014年4月第1次印刷
书　　号	ISBN 978-7-5335-4522-2
定　　价	39.80元

书中如有印装质量问题，可直接向本社调换